Frutas, vegetales y sus colores

Arnhilda Badía

Melodía: Jenny Jenkins

Rourke
Educational Media

rourkeeducationalmedia.com

–¿Qué es lo que piensas comer hoy? ¿Comerás algo saludable?

–Comeré brócoli, lechuga y espinaca.

Vege, vegetales, frutas frescas,
los colores del arco iris.

–¡Comeré algo verde!

-¿Qué es lo que piensas comer hoy? ¿Comerás algo saludable?

-Comeré zanahorias y mandarinas.

Vege, vegetales, frutas frescas, los colores del arco iris.

–¡Comeré algo anaranjado!

–¿Qué es lo que
piensas comer hoy?
¿Comerás algo saludable?
–Comeré plátanos, piña y maíz.

Vege, vegetales, frutas frescas,
los colores del arco iris.

—¡Comeré algo amarillo!

–¿Qué es lo que piensas comer hoy? ¿Comerás algo saludable?

–Comeré fresas, manzanas y sandías.

Vege, vegetales, frutas frescas, los colores del arco iris.

—¡Comeré algo rojo!

–¿Qué es lo que piensas comer hoy? ¿Comerás algo saludable?

–Comeré moras, uvas y ciruelas.

Vege, vegetales, frutas frescas,

los colores del arco iris.

—¡Comeré algo azul

y morado!

–¿Qué es lo que piensas comer hoy?
¿Comerás algo saludable?
–Comeré frutas y vegetales.
Vege, vegetales, frutas frescas,
los colores del arco iris.
–¡A comer ya me voy!